物理启蒙第一课

5分钟趣味物理实验

这就是光

（英）杰奎·贝利（Jacqui Bailey）/著　朱芷萱/译

化学工业出版社

·北京·

北京市版权局著作权合同登记号：01-2021-5119

图书在版编目（CIP）数据

物理启蒙第一课：5 分钟趣味物理实验. 这就是光/（英）杰奎·贝利

（Jacqui Bailey）著；朱芷萱译. — 北京：化学工业出版社，2021.9（2022.1重印）

ISBN 978-7-122-39447-7

Ⅰ.①物⋯ Ⅱ.①杰⋯ ②朱⋯ Ⅲ.①物理学—科学实验—儿童读物

②光学—科学实验—儿童读物 Ⅳ.①O4-33②O43-33

中国版本图书馆CIP数据核字（2021）第134333号

责任编辑：马冰初 文字编辑：李锦侠
责任校对：边 涛 装帧设计：与众设计

出版发行：化学工业出版社（北京市东城区青年湖南街 13 号 邮政编码 100011）
印 装：北京宝隆世纪印刷有限公司
889mm×1194mm 1/16 印张 10 ¹/₂ 字数 100 千字 2022 年 1 月北京第 1 版第 2 次印刷

购书咨询：010-64518888 售后服务：010-64518899
网 址：http://www.cip.com.cn

凡购买本书，如有缺损质量问题，本社销售中心负责调换。

定 价：138.00 元（全 6 册） 版权所有 违者必究

目　录

走进光的世界

光是什么？

光能使我们看清事物。没有光，我们什么都看不见。

思维拓展

亮和暗之间有何区别？

- 白天时室外光线充足，看清东西很容易。
- 晚上一片漆黑，很难看清东西。这时我们要借助电灯来照亮。

没有光的时候你能看清东西吗？

实验前的准备

1个眼罩

1位朋友一起参与

一些"神秘"小物件

一个蛋糕盒或者任何有盖子的盒子

黑暗中你能看清什么？

1 在地板上坐下，请朋友帮忙把眼罩蒙在眼睛上。确保自己什么都看不见。

" 实验解答

戴着眼罩时你看不到手里的物体是什么，因为眼罩挡住了所有的光。有光时视觉才能起作用。视觉是五大感官之一。没有光线时，我们会运用其他感官来辨认物体，比如触觉和嗅觉。 "

4 缓缓地揭开眼罩。眼罩揭开到什么程度时你才能看清自己是否猜对了？

3 再次确认眼罩挡住了所有的光。打开盒子，取出里面的物件，每次拿一个。试着通过触摸来猜测它们是什么。告诉朋友你的猜想。

2 请朋友把"神秘"小物件都放在盒子里，盖上盖子。

我们的眼睛是如何看见图像的？

当光进入我们的眼睛后，我们就能看到物体了。

思维拓展
你如何看到物体？

· 眼皮睁开时，光通过眼球正中的黑色孔洞进入眼睛，这个孔洞叫作瞳孔。

· 当眼皮闭合时，光无法通过瞳孔进入眼睛，人就看不到东西。进入眼睛的光线量的多少是否影响你看东西时的清晰度？

实验前的准备

1面镜子

纸和笔

1个黑暗的房间

1块表或者1个手机

光如何使眼睛变化？

1 在镜子中观察自己的眼睛。

2 画下自己的眼睛，展现出瞳孔在整个眼睛中所占比例的大小。

3 在漆黑的房间中静坐3分钟。用手表或手机来计时。

4 回到有正常光线的房间，立刻再次观察自己的瞳孔。对比之前的画，二者有区别吗？看向镜子时瞳孔有何变化？

"

实验解答

从暗房出来后瞳孔放大了，因为瞳孔的大小会随着周围光线量的多少而变化。周围很暗时瞳孔会放大，尽可能地使更多的光进入。周围很亮时，瞳孔会缩小，防止强光损害眼睛内部。

"

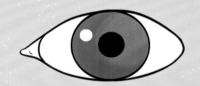
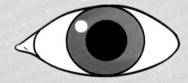

5

日光有多强?

白天时太阳给我们提供了所需的光亮。

特别注意

强光可能会损害眼睛，而日光是光线中最强的。千万不要肉眼直视太阳，否则可能致盲。

思维拓展

太阳光是什么样的?

• 天气晴朗时，万物看起来明亮而清晰。

• 阴云密布时，万物看起来都很灰暗，但我们依然可以看清东西。你认为日光有多强?

实验前的准备

1支铅笔

1张纸

物体水面	阳光下闪光	云影下暗淡

日光有多强?

1 在天气晴朗但空中仍有云时走到户外。

2 看看四周。闪耀的阳光下万物看起来如何?如上图列出清单，记下你看到的物体的清晰度。它们的颜色看起来如何?是否有闪光?

实验解答

天空中有云时日光暗淡，万物色彩不再鲜亮。这是因为云朵遮挡了一部分日光。但云朵无法将日光完全阻隔，因为日光是很强劲的。

日光是最强的一种光。它能在太空中穿越上百万公里。

3 等云朵遮住太阳，再观察四周。你能发现有什么不同之处吗？写下自己的所见。

4 看看上图。如果太阳被云朵遮住，你认为图中会有什么变化？

黑夜中都有哪些光？

夜幕降临后或在没有日光的地方，人们可以使用人造光源来照明。

思维拓展

除了太阳之外还有哪些光源？

- 我们用手电筒照亮黑暗。
- 我们用电灯进行室内照明。

还有哪些光源？

实验前的准备

纸和笔

1把尺子

你能找出多少种光源？

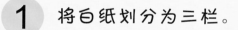

1 将白纸划分为三栏。

2 在第一栏中列出室内外所有发光的物体。比如：家中的电灯、火、蜡烛、电脑屏幕。

3 在第二栏中写下每种光源发光的原因，比如：电，燃烧。如果不确定，可以询问大人。

电灯	电	1
蜡烛		
烟花		

4 在第三栏中用数字1～3为每种光源的亮度打分。1代表闪亮耀眼，2代表清晰可见，3代表晦暗不明。

实验解答

有些光比其他光更亮，这是因为它们的能量更强。电灯通常是室内最亮的光源。蜡烛和燃烧的木材发出的光很弱，而且不能持续很久。

实验解答

有些闪亮的物体本身并不是光源。它们自己不发光，而是反射从别处照射过来的光。比如月亮反射太阳光。详见12～13页。

5

哪些光源比较亮？

光线是怎样穿梭的？

光从光源出发，以直线在空间中穿梭。

实验前的准备

两块边长20～30厘米的方形硬纸板

笔和尺子

1根缝衣针

胶带

1个手电

可以关掉光源的房间

思维拓展

如何观察光线？

· 手电发出的光束是一条直线，不会转折或弯曲。

· 树林中有时能看到日光光线或光束从枝丫间投射下来。你能观察出光线穿梭的方式吗？

光如何穿梭？

1 通过画对角线找出两块硬纸板的中心点，如图所示。

中心

2 用缝衣针在两块硬纸板的中心点上穿个小孔。将两块纸板排成一排，让目光可以穿过两个小孔看到对面。用胶带固定纸板位置。

3 关掉屋子里的光源，在黑暗中用手电照射两块纸板上的小孔。你能看到一束光穿过两个小孔射出来吗？调整纸板，直到光可以穿过。

4 现在把一块纸板向旁边移动几厘米。发生了什么？

实验解答

当你把一块硬纸板向旁边移动后，光束就不能从第二个小孔中射出来了。这是因为光不会向一旁弯曲或转折，也就不能追随已经移动了的小孔了。

不同物体的反射光一样吗？

我们看到的大多数光都是经过身边其他物体反射过的。

实验前的准备

表面材质不同的物体（如：光盘，草篮，织物，碗，木块，镜子，金属平底锅）

1个手电

思维拓展

不同物体如何反射光？

· 平滑光亮的桌面看起来闪闪发光。

· 粗糙的砖墙看起来则很暗淡。

哪种表面反射的光最多？

哪种表面最闪亮？

1 在黑暗的房间中将所有物体分散地放在地板上，逐个用手电照亮。

2 哪个物体最闪亮？哪个物体在手电关掉后还"发光"？

实验解答

光滑平整的表面最闪亮，因为手电的光通过这些表面直接反射进入人眼。光在粗糙表面也会进行反射，但表面的凹凸不平使得反射光线分散开来，亮度就会减弱。上述所有物体都不会单独在黑暗中发光，因为它们自己并不是光源。

表面反射使光的方向改变。试试这个小实验。

你能让光线转弯吗？

1 站在打开的门后。

2 在身前举起一面小镜子，调整角度，直到可以从镜子中看到门外的情景。

门

你

门后的光线被反射到镜子上

实验解答

你能看到门外的情景，是因为门外的光线投射到镜子上，并以特定角度反射进入眼睛。

光会被遮挡吗？

光可以穿透一些物体，另一些物体则会遮挡光。

思维拓展

光被遮挡时会发生什么？

• 砖块会遮挡光，所以你的视线无法穿透砖墙。

• 玻璃不会遮挡光，所以人们用玻璃制作门窗。

其他哪些材料也会遮挡光？

实验前的准备

剪刀

1个鞋盒

尺子

1个小玩具

1个手电

胶带

1本书

一些测试材料（如：纸，织物，透明塑料，保鲜膜，铝箔，卫生纸）

纸和笔

哪些材料能遮挡光？

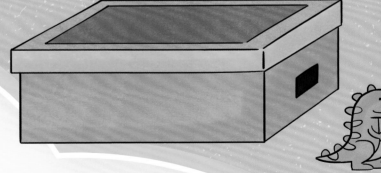

1 请大人帮忙在鞋盒盖子上裁出一个15厘米×10厘米的方孔，在鞋盒一侧裁出边长3厘米的小方孔。

2 把小玩具放入鞋盒，盖上盖子。

3 把手电发光的一端对准鞋盒侧面的小孔，用胶带固定。你可能需要借助某些物体来支撑手电，比如一本书。打开手电。

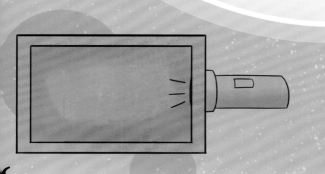

4 逐次将测试材料盖在鞋盒盖子的方孔上，将方孔完全盖住。你能看到什么？记录下结果。

实验解答

某些材料可以让几乎全部光线穿过，你可以清楚地看到鞋盒里的手电光和小玩具。这是因为鞋盒内外几乎所有光线都可以无障碍地穿透这些材料。这些材料是透明的。

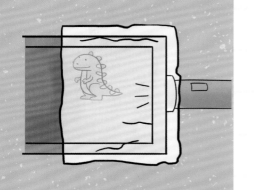

有些材料可以让一部分光穿过，另一部分光则被遮挡。你能看到盒子里手电的光亮，但小玩具不太能看清。这些材料是半透明的。

其他材料将鞋盒内外所有光线都遮挡住了。这时你完全看不到盒子里的情况。这些材料是不透明的。

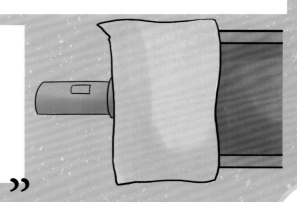

影子是怎样产生的？

物体把光遮挡住，就会投下影子。

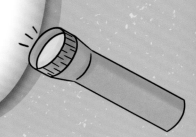

思维拓展

物体如何投下影子？

- 看看床下。床下是不是很黑？这片黑暗就是床投下的影子。
- 打开台灯，灯下的物体是不是有影子？物体如何投下影子？

实验前的准备

14～15页用过的鞋盒和书本

1个笔刷和一些黑色颜料

1个大号塑料梳子

胶带

1个手电

影子是如何产生的？

1 拿出鞋盒里的玩具，把盖子和手电从鞋盒上取下来。把鞋盒内部涂成黑色。

实验解答

你会在盒子里看到条纹状的阴影，这是因为梳子齿遮挡住了手电的光。光以直线射出，光线不会弯折绕开梳子齿照到后面去。

一些影子比其他影子更浓重。玻璃杯是透明的，玻璃杯也有影子，但影子很淡。将不透明的物体放入玻璃杯，如吸管，你就能看到其影子穿透玻璃杯。瓷杯是不透明的，它会将光线完全遮挡，所以它的影子很浓重。在瓷杯中放入物体，物体的影子是不会穿过杯子透出来的。

2 把塑料梳子齿盖在鞋盒侧面的方孔上，用胶带固定。

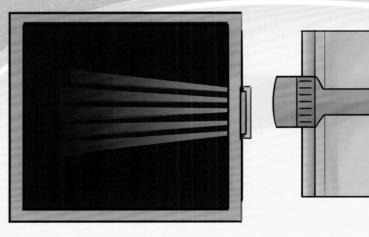

3 把手电架在书本上，让手电光透过梳子齿射进方孔。你能看到什么？

影子有形状吗？

物体的影子与物体的形状相近。

思维拓展

影子长什么样？

- 球投下的影子是圆的，就像球本身的形状。
- 你的手投下的影子形状与手相似。

影子可以改变形状吗？

实验前的准备
1位大人帮忙
剪刀
之前用到的鞋盒
1个白色塑料袋
胶带
1本书
1个小手电
1把椅子
一些朋友一起参与
一些小物件

影子可以是什么形状的？

1 请大人帮忙把鞋盒的底部裁掉，只留下2厘米宽的四边。

2 裁下一块塑料袋套在鞋盒底上。将塑料袋拉平，用胶带沿着鞋盒四周固定好。这将作为你的屏幕。

3 将鞋盒立起来，鞋盒内部朝向自己。在鞋盒里放一本书增加重量。

4 把手电放在屏幕后，让手电光照亮鞋盒内部。可能需要放一些东西支撑手电。

5 请朋友们坐在屏幕的另一侧，关掉房内光源。逐次把小物件放到手电光前，让它们在屏幕上投下影子。

6 朋友们能猜出每个小物件分别是什么吗？移动小物件，让它们逐渐靠近手电再逐渐远离。影子发生了什么变化？

"

实验解答

影子可以欺骗你的眼睛，因为你看到的只是物体的平面轮廓。如果物体在光线前转个角度，影子的形状就可能会变扁或被拉长。物体离光源越近影子就越大，离光源越远影子就越小。

"

太阳和影子是什么关系呢？

在户外也有影子。

思维拓展

什么时候能在户外看到影子？
- 多云天气会有影子吗？
- 晴天会有影子吗？

日光形成的影子是什么样的？

实验前的准备

晴天

1位朋友一起参与

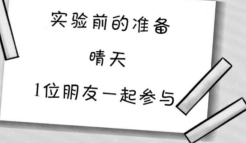

实验解答

天气晴朗、空气清爽的日子里，太阳光直接照射到地面上，此时影子最为清晰。太阳和大地之间的任何物体都会投射下一个影子，指向太阳的反方向。

太阳如何使物体产生影子？

1 在晴天时与朋友一起来到室外。你能看到什么影子？

2 背对太阳站在开阔的地方。你的影子在哪里？

阳光投射的影子如何变化？

1 清晨时站在户外有阳光的地方。请朋友用粉笔在地面上你的影子的尽头做标记。

2 正午时再站回同一个位置，再次在影子的尽头做标记。标记位置变了吗？

实验前的准备
1位朋友一起参与
开阔的空间
粉笔

实验解答

你的影子在早上时更长，因为此时太阳在天空中的位置较低。正午时，太阳几乎就在你头顶的正上方，影子就会很短。两次的影子所指的方向也不一样。这是为什么呢？

影子会移动吗？

一天中不同的时间段，日光投射的影子指向不同的方向。

思维拓展

日光投射的影子如何变化？

- 在早上时，你家房子的哪一面被笼罩在阴影里？
- 傍晚时哪一面被笼罩在阴影里？影子移动了吗？

实验前的准备

晴朗的早晨

1张卡纸

1根笔直的棍子

胶棒

开阔的空地

尺子和马克笔

1块表

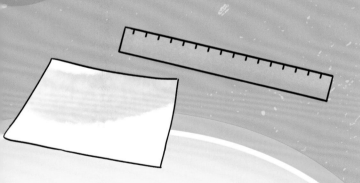

日光投射的影子如何移动？

1 清晨早些开始布置。

2 在卡纸的一角开一个小洞，把棍子穿过去，牢牢地插在地面上，将卡纸用胶棒固定住。

3 用尺子和马克笔沿着棍子的影子在纸上描画出直线。在直线顶端写下此时的时间。千万不要移动卡纸或者棍子。

4 每隔两小时回来一次，标记出影子的位置和时间。棍子的影子在一天内是如何移动的？

很久以前，人们利用日光投影的移动来计时。这种日光投影构成的时钟叫作日晷。

上午9:00

实验解答

影子总会指向投影光源的反方向。棍子的影子在纸上移动是因为太阳的方位在一天之内产生了变化。

科学名词

人造
人造是指由人工制成，在自然界里本身并不存在。比如，如果不经过人工制造，蜡烛和电灯都不会存在。

光源
光源是指自身发光的物体。太阳是自然光源。电灯、车灯、蜡烛、炉火都是人造光源。

瞳孔
瞳孔是眼球正中的黑色孔洞。光穿过瞳孔到达眼球后部，然后大脑会告诉我们看到的图像是什么。

不透明材料
不透明材料是指人的目光完全无法穿透的材料。它们可以反射所有落在表面的光。石头和木头都是不透明材料。大多数织物也是不透明的。

自然光源
除太阳外还有很多自然光源。一些动物是可以发光的，比如萤火虫。闪电是一种虽然短暂但能量巨大的自然光。

反射光
反射光是照到物体表面又反射出去的光。我们能看见东西，是因为光从其表面反射到我们的眼睛里。镜子对光的反射作用极佳，因此我们能在照镜子时看到一个完完全全对称的自己的映像。

感官
五种感官使我们能够感知身边的世界，它们分别是：视觉、听觉、触觉、味觉、嗅觉。

影子
影子是物体遮挡住光之后投下的黑暗区域。

太阳
太阳是一个巨大的燃烧的火球，散发出大量的光和热。太阳的体积是地球的130万倍，与地球相距1.5亿公里。光从太阳到达地球大约需要8分钟。

半透明材料
光可以穿过半透明材料到达人眼，但程度有限。这些材料允许一些光穿过，但会将其他光反射回去。描图纸和磨砂玻璃是半透明材料。

透明材料
我们可以很清晰地通过透明材料看到另一边。大部分光都可以穿过它们。玻璃和水是透明材料。

日晷
很久以前，人们用日晷来确认时间。日晷利用日光投下的影子来标记时间，这些影子在一天中会移动位置，因为地球在自转。地球自转一周需要24小时。

月球
月球是一个布满岩石的星球，绕着地球旋转。我们能在天空中看到月球是因为太阳光照在其表面发生了反射，投射到地球上。月球与太阳不同，它本身并不发光。